THE FAMOUS DESIGN

亚太名家别墅室内设计典藏系列之六　　一册在手，跟定百位顶尖设计师

不 可 不 看 的 别 墅 风 格 大 全

自由混搭

北京大国匠造文化有限公司·编

U0353326

中国林业出版社

China Forestry Publishing House

图书在版编目（ＣＩＰ）数据

亚太名家别墅室内设计典藏系列. 自由混搭 / 北京大国匠造文化有限公司编. -- 北京 : 中国林业出版社,2018.12

ISBN 978-7-5038-9857-0

Ⅰ.①亚… Ⅱ.①北… Ⅲ.①别墅－室内装饰设计 Ⅳ.①TU241.1

中国版本图书馆CIP数据核字(2018)第265886号

责任编辑：纪　亮　樊　菲
文字编辑：尚涵予
特约文字编辑：董思婷

出版：中国林业出版社（100009 北京西城区德内大街刘海胡同7号）
网站：http://lycb.forestry.gov.cn
E-mail：cfphz@public.bta.net.cn
印刷：北京利丰雅高长城印刷有限公司
发行：中国林业出版社
电话：（010）8314 3518
版次：2018年12月第1版
印次：2018年12月第1次
开本：1/12
印张：13.5
字数：100 千字
定价：80.00 元

｜亚太名家别墅室内设计典藏系列之六｜目录｜

｜中式风韵｜都市简约｜原木生活｜欧美格调｜异域风情｜**自由混搭**｜

九里兰亭
Jiuli Lanting

主案设计：宋必胜
项目面积：896平方米

- 本案融合新中式元素，是现代与传统文化的结合，是东方与西方文化的融和。
- 细节之处感知中国文化的底蕴。
- 仿佛置身于苏派贵族园林之中。

平面图

本案在空间布局上，容纳了私宅一切能够拥有的功能。多样化的功能区相互呼应，在这苏派造园围合之境的空间里，多样化的功能区相互呼应。既保证每个空间的独立性，又有空间的连贯性。中厨、西厨、酒窖、影音室、干湿蒸室、台球室等空间，在提升生活品质的同时又将我们想要把现代和中式元素结合的想法很好的融入在这些空间里，实现丰富多样的居住环境。

本案采用云多拉灰石材、奥特曼米黄石材、玉石、尼斯木饰面、玫瑰金不锈钢等材料，云多拉灰石材的云丝纹纹理搭配米黄色奥特曼石材，一种现代黑白之色搭配传统中式的淡雅色调，同时石材的材质质感能够给空间带来大气奢华之感。尼斯木饰面和玫瑰金不锈钢的结合更是中西方结合，木饰面的自然沉稳和金属材质的奢华精致在空间里相得益彰。

雅墅心居
Elegant Villa

主案设计：王重庆
项目面积：355平方米

- 设计还是从颜色，灯光和软装来体现别墅的格调也省去业主日后维护大理石的烦恼。
- 从整个设计风格来看，选材用的是大理石。
- 设计了很多隐藏门和隐藏柜体。

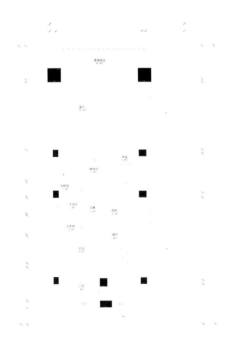

一层平面图

这个楼盘面对的消费群体大多是中小企业的群体，需要空间的利用率和性价比非常高，在原有的空间布局上把挑空层使用起来，增加室内使用面积的同时也注意到光线的充足和通风，把平常的生活空间最大化，包括会客区，休闲功能区域，使这个别墅项目的性价比达到最理想化。

传统别墅的布局大多都是门一打开，看到很大的客厅空间，虽然可以给人带来空间感，但我个人觉得还是有缺陷存在的：因为一进门很大的空间感让人一览无遗，不能给人一种想要继续探寻的欲望，然而我们这套的设计是在一入门首先映入眼帘的是一条艺术长廊，因为这套别墅的业主是比较喜欢收藏艺术品的人，我们根据业主兴趣与爱好，先是设计了一条艺术长廊，再来是经过休闲空间和客厅，这也是和传统的别墅不同的地方，同时也设计了很多隐藏门和隐藏柜体，在不经意间推开一扇门让人感觉一道新的风景，也让人感觉设计的乐趣所在，有种魔术空间的惊喜。

江山汇
Jiangshan Hui

主案设计：陈书义
项目面积：272平方米

■ 将工业风的魅力无限放大，书房从陈列到规划，从色调到材质都表现出雅静的特征。

■ 门厅的灯带特别有立体感。

■ 古风的装饰画做背景墙成为空间亮点。

　　家居中，玄关是第一道风景，室内和室外的交界处，是具体而微的一个缩影，选用镂空屏风作为玄关隔断，在视觉效果上空间的通透感十足。满墙的置物柜、茶桌的巧妙搭配呈现出一种自然、清新、飘逸的既视感，让人的心境开阔而明朗。代表岭南茶文化的茶具古朴雅致，信手拾起心爱的茶碗，沏一杯清茶，让茶香伴着书香溢满茶室。

　　对于现代家庭来说，厨房不仅是烹饪的地方，更是家人交流的空间，打造温馨舒适的厨房，一要视觉干净清爽，二要有舒适方便的操作中心，三要有情趣。将混凝土以及木质元素的运用延伸到卧室，色彩层次分明、主调灰色的设计在各个角落散发着灵性，又透露着沉稳的理性。

平面图

素净
Simple And Elegant Space

主案设计：范敏强
项目面积：118平方米

■ 考虑到健康、安全与节能问题，材料上选用了环保的素水泥砖，实木饰面和白色水泥漆。
■ 以简单和低价的材料营造出哲学思辨的文化氛围。
■ 生活回归于远逝的平衡中。

在风格方面，主体上希望能体现现代东方低调沉稳之意境。水墨屏风搭配百叶窗的设计，在保证空间私密性的同时，也令充足的日光能够照耀进室内。对比入门处厚重理性的风格，室内的空间令人豁然开朗。浅色的墙壁和天花之下，是深色的沙发、地毯和桌椅，寓意着沉淀之后不失澄澈的心境。颇具诗性的小元素和纤巧雅致的家具更是令空间平添了一份轻盈的意味。大理石制的电视背景墙与水墨屏风遥遥相对，二者相辅相成，共同打造出空间的禅意。

以客厅为核心，边界环绕着餐厅、厨房、品茶区，虽各自一隅，却又紧密相连，不受局限的生活尺度，视觉延伸使空间更加通透。

江景别墅

Jiangjing Villa

主案设计：梁瑞雪
项目面积：700平方米

■ 空间设计上，"江水"理所当然成为主要元素，地面、墙面都用具有抽象图案的材料来表现这一主题。
■ 设置不重合的楼梯路线，改变狭窄局促的楼梯。
■ 所有木制作都使用低碳环保的多层实木。

　　根据业主家人较多的实际情况对平面布置进行了比较大的改造：老人房和厨房餐厅安排在平街层以方便老人；两个儿童房配备了一个不小的花园，让儿子和女儿可以在大自然中学习和成长；客厅、休闲区和主卧进行了部分加建，面积充裕的同时使功能更完善。

　　公共空间尺度较大，我们在墙面局部使用了与之尺度相配的超大尺寸的薄片砖，砖上面精彩的云纹与户外的江景很好地互相呼应，营造出水天一色的效果。顶面用19个大小不一的灯来丰富空间。因为空间面积较大，为控制造价，我们对材料进行了比较合理的分配，用量少的局部使用比较高档的材料，体现项目的品质感；而在用量大的地方使用经济实惠的材料。所有木制作都使用低碳环保的多层实木。

平面图

负二层平面布置图

壹号庄园别墅

Villa No. 1

主案设计：罗伟
项目面积：800平方米

- 空间感要开阔，具有一定仪式感、空间展示性，材质要求环保、显品质感，空间动线流畅。
- 新中式与现代手法结合的设计风格。
- 摒弃繁复的装饰手法和惯性的陈设布局习惯。

设计对文化细细挖掘的同时，进而研究人的生活方式与自然、空间的互动关系，摒弃繁复的装饰手法和惯性的陈设布局习惯，艺术性地表达空间和人的微妙关系，使人与使用空间、物品产生舒适的共鸣体验。

以现代中式的风格为出发点，选择一些深色暖色的木饰面，搭配一些浅色的石材，达到色彩对比的效果；从环保角度出发，墙面大量选用马来漆作为饰面材料，其次通过造型及灯光，营造多变的具有层次感的空间氛围，局部再点缀古铜钢马赛克，凸显空间独特之处。

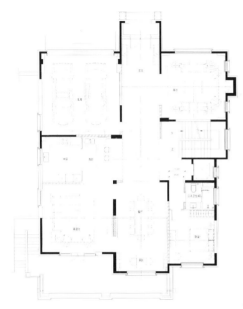

平面图

大都会
Oriental Metropolis

主案设计：蔡蛟
项目面积：340平方米

- 将原有的封闭式餐厅改为半开放式餐厅，餐厅更加宽敞明亮。
- 皮革、铜、真丝、雕花玻璃、板岩等材质结合。
- 中国传统艺术、当代艺术与西方艺术融合。

将中国传统艺术、当代艺术与西方艺术融合，将皮革、铜、真丝、雕花玻璃、板岩等材质结合。

将原有的封闭式餐厅改为半开放式餐厅，餐厅更加宽敞明亮。将原有客厅区吧台改为火炉、休闲区、吧台三为一体的功能区。

曾有知名导演希望在他家取景拍戏，被委婉拒绝。

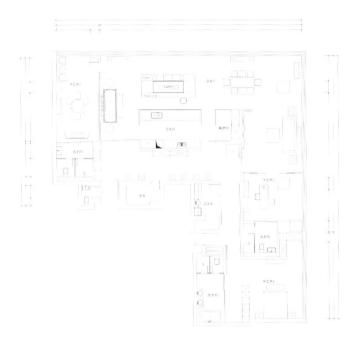

平面图

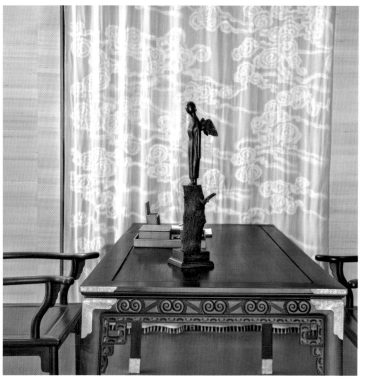

上海老公寓

Shanghai Old Apartment

主案设计：解方 / 参与设计：杨耀淙
项目面积：194平方米

- 以享受生活为主题的设计理念。
- 放松且平静的静谧空间。
- 把旅居各国的经历融汇在家的空间中。

业主是一对四海为家的夫妻，他们曾经在新加坡、伦敦、香港、东京生活过，现在他们定居在上海。随着他们越来越享受这种现代化大都市中多样化的生活状态并对新的环境持越来越开放的态度，他们也从未忘记自己的根，这种信念也反映在整个室内设计元素中。原建筑的铁艺窗户完美地成为背景衬托着Eames的躺椅及Moooi的猪桌，欧式的古典护墙板与现代吊灯并置共存，法式餐桌与HAY的餐椅完美搭配，做旧的大理石表面与高科技的现代厨具互相映衬，复古的铜质灯具与时尚的暗灰色调产生强烈冲击。漫步于这昏暗的空间中，你会从业主及其生活中发现更多诸如此类对立且诱人的故事。

这栋公寓真正的精神是一种娱乐的思维。进入大门的动线引领人们进入中厅位置，中厅两侧是被吧台隔开的餐厅及开放式厨房。开放的区域感可以让客人彼此在舒适的环境下互动，同时也可以与在厨房中忙碌的主人自然交流。走廊端头放置着一组复古电影院的座椅，朋友们可以在晚餐前放松地于此闲聊，餐边柜放置着业主从世界各地搜集的玻璃器皿和茶具，微弱的灯光提升了整体展示效果及使用的便捷性，甚至连他们的猫，也有专属于自己的由新加坡Kwodrent工作室设计编织的猫抓凳。

这是一个让业主及他们的猫更为放松且平静的静谧空间，是一个给予每个访客惊喜的场所。我们希望你能享受这个空间正如我们享受于设计及建造它的过程。

时髦东方
Oriental Abstract

主案设计：许章余
项目面积：300平方米

■ 残荷、鸟笼等展现中式的细节。
■ 素色墙纸等整体呈现一种现代的审美感受。

中国风并非完全意义上的复古明清，而是通过中式风格精髓的传承和融合，表达对清雅含蓄、端庄丰华的东方式精神境界的向往和追求。把现代材质巧妙融入，并以独特的艺术表现手法呈现出来，再现了移步换景的精妙小品。

空间用简练的分割方式将传统东方元素分解重组，通过水墨意境传达了东方文化的源远流长，设计师将玄关背景以立体荷叶、莲蓬的形态，三三两两，悠闲自如。空间整体以素色墙纸及深色橡木饰面为主要材料，借助木饰面传承悠久的文化符号，通过软装搭配释放出东方韵味，表现业主对高品质生活的追求，诠释现代东方文化气息。

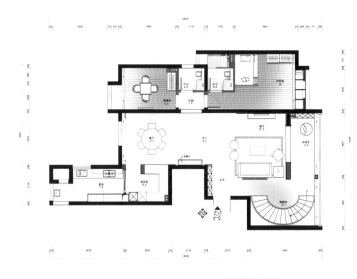

一层平面图

二层平面图

记录永恒时刻

Timeless Moment

主案设计：韩薛　刘积平
项目面积：187平方米

- 巧妙利用原坡屋顶、斜梁，让空间统一多变。
- 运用个性创意的家具形式和色彩，展现多元艺术气质。

　　本案以摄影生活为主题，灵感来源于电影《永恒时刻》。当你无法逃避庸俗的生活，你会怎么办？设计如影片之美，用艺术的眼睛看待整个世界，生活需用心发现，久而久之就能发现时光之美。

　　精致的金属扶手、简单的竖线阵列给人极具干练的现代感，深色的木质台阶让这个现代空间更加厚重。运用创意极简线条元素，简洁而不简单，传达出业主独特的生活品位及人格魅力，传递出一种淡然闲适、自然而然的生活态度。运用个性创意的家具形式和色彩，去创造当下最舒服、自由的精神状态。

　　设计师希望让设计融入生活，表达了生活因时光的沉淀更显高贵的质感，定格的时光才是永恒。

喧嚣背后
Behind the Noise

主案设计：胥洋
项目面积：220平方米

■ 白色墙面、原生态地板与做旧家具搭配，随意而生活化。
■ 最大化的利用地下室，有属于自己独特的自然质朴。

　　本案中用不同文化的做旧家具做搭配，增添了家居的随意性和生活化。白色的墙面和少部分墙纸，清新明亮，使空间感觉透气却不显单调，原生态木纹地板，则显得无比的清晰、自然。

　　家，是回归到原始状态，是安静的，质朴的。真正适宜居住的环境，不仅仅是居住，更是每天能体味一种叫做自然的放松。

　　因此，设计师在设计时通过家具、色彩、材质、装饰等元素的搭配，打扮出清新自然的家居生活，让这个家更贴近自然的空间，融入更多的温馨，远离那些纷纷扰扰，回归到自然质朴年代。

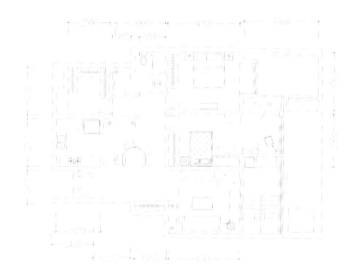

一层平面图

自然意象
Deep in Nature

主案设计：廖奕权
项目面积：245平方米

■ 灵活运用木材，融入自然元素，绿意盎然。

■ 巧妙地融入弧线，将功能区分隔开。

　　大自然为艺术家和设计师带来无限灵感。本案中设计师不仅活用木材，塑造树木等自然意象，更顺应结构墙的走势，在空间里融入弯曲线条，优雅动人。

　　客厅垂吊时尚吊灯，为空间注入现代气息。餐厅天花用象征树木的立体树枝装饰，使平白天花变得多"枝"多彩。柜架错落有致，就像高矮不一的树木。设计师扩充露台占据的空间比例，户外木地板从原有露台地面延伸至客厅，令户外气氛悄悄渗进室内。当人在客厅躺卧时，不远处便是弥漫户外气氛的露台，令人感觉轻松自在。

轻美式
Mordern American Style

主案设计：宋毅
项目面积：200平方米

■ 现代的风格搭配美式家具，具有年轻且稳重的视觉体验。
■ 开放式厨房，与餐厅相连，具有强烈的结构感和美感。

　　设计师将水平空间关系改成垂直空间关系，考虑地上、地下的穿插和结合，把公共空间的简美与私密空间的现代完美地结合在一起，满足了业主的需求。

　　本案中的公共区域采用了现代与简美元素相结合的处理手法，体现了质感，又不失轻松自由。简洁的设计手法，营造令人安静的卧室空间。茶文化的融入，令空间充满文艺气息。黑白灰的经典配色加上自然的原木，令人感到朴实、安静。通过玻璃的隔断，还能使采光口的植物充分吸收阳光和空气，茁壮成长。

温馨活力
Colorful Days

主案设计：刘述灵
项目面积：140平方米

■ 色彩运用大胆，冷暖色调完美碰撞。
■ 各种材质的使用，营造温暖丰富的触感。

在幽静的小路上出现一个家的样子，是每个累了的行人的追求。设计师将房子放在曲径通幽的小路上，当晚上来临的时候，暖暖的灯光从里边透出来，温馨十足。

本案采用了大空间，让房子的私有空间和独处空间产生了配合。采用瓷砖来装饰墙面，青灰色的面，有辉映富丽堂皇的一面，但又不显得张扬辉煌。瓷砖和木制家具的巧妙结合，冷暖色调的强烈碰撞，使高冷与温馨气质完美融合。

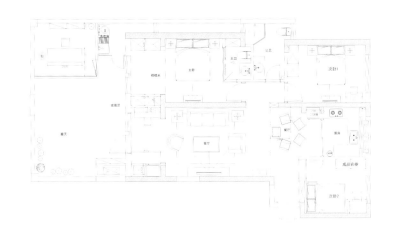

平面图

现代中式官邸

Modern Chinese Mansion

主案设计：赵牧桓 / 设计公司：赵牧桓室内设计研究室
项目面积：600平方米

- 采用现代的手法进行中式设计，充满趣味性。
- 巧妙处理了自然光与室内光线的关系。
- 山水纹大理石及床背景，表达了传统的概念。

　　什么是"现代中式"？本案从进门开始，就出现了比较传统的中式元素。大铁门加上两头镇宅的石狮子，往里走，可以看到玄关是作为通往右侧公共空间和左侧私密空间的一个转折口，也是一个重要的起承转合的地方，更是开启这个宅子的纽带。而把水和鱼引入室内空间，水景像瀑布一样很缓慢地流下，充满意境。

　　中国人喜欢搜集石头。从庭园景观造景用的那些奇石，到欣赏大理石里面自然堆砌所成就出来的如画般的天然肌理。将这山水般的肌理加以放大铺满整个空间，也就形成了地面的造型图案。

　　用现代的手法去做中式空间设计，就像是古代士绅生活在现代。

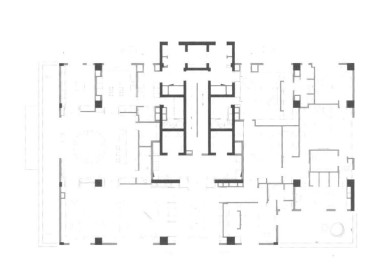

平面图

现代新古典

Modern New Classical

主案设计：张宝山
项目面积：210平方米

- 空间改造合理，造型简洁，线条优美。
- 巧用色彩，营造不同格调的空间，让空间充满时尚艺术。

　　本案大胆采用现代主义风格，突破传统，重视功能和空间组织，局部添加了新古典和工业元素的搭配，使风格上更具质感优雅。空间色彩上以沉稳为主，将空间气质营造的绅士内敛。同时在家具和墙上，以白色加以平衡，调节空间视感，诠释空间时尚气质。

　　整体设计以舒适和温馨为导向，讲究以人为本，注重生活层次，通过不同的色彩节奏来营造不同格调的空间，细节之处的点缀更提升了整个空间的品质。

玉兰花园

Yulan Garden

主案设计：夏宇航 / 设计公司：无锡观唐上院装饰有限公司
项目面积：220平方米

- 给空间适当做减法，减少空间材料的多样化。
- 注重空间比例和灯光把控，让空间有灵魂。
- 大量素色墙布的使用，营造宁静如水的素雅质感。

　　崇尚简约设计的设计师，喜欢在室内设计和家居布置上运用鲜明透亮的白，由设计师打造的这个温馨之家，不单让纯白的独特个性尽情展现，还巧妙的把空间重新规划，提升视野和空间感，让居者轻易感受一室的舒适与宁静。

　　走进室内，宽敞的客厅、开放性餐厅让整个公共空间整体流畅；墙面采用平面石材为背景，让客厅更显得简单利落；房间选择素雅的配色，清爽又舒适。每一空间利用都是设计精巧的安排，让全家人每一天都能深刻感受到快乐、轻松、自由的生活氛围。

蓝之雅韵
Blue Melody

主案设计：郑鸿 / 设计公司：深圳鸿艺源建筑室内设计有限公司
项目面积：300平方米

- 地面采用几何平行拼法，黑白灰的配色，深咖、浅咖、白的三色运用，增加了立体透视感。
- 以Tiffany蓝为主打色，打造温馨家庭感受。
- 墙面颜色光泽度强，色彩历久弥新。

　　蓝色是最有故事、最接近自然的颜色。业主对蓝色情有独钟，而设计师对蓝色也有自己独特的见解。

　　设计师以简欧风格为基调，布局上避繁就简，倾心于低调大气，并巧妙地融入了新古典元素及后现代主义美式家具。色彩上，填入淡雅明快的Tiffany蓝，如一缕清新的风，吹拂到家的每个角落里。

　　最温暖的记忆是与家人用餐的场景，品尝妈妈的手艺，唠唠家常，游走的时针仿佛都放缓了脚步。设计师感同身受，把感情融合在细节里。

东方百合
Lilium Oriental

主案设计：葛晓彪 / 设计公司：金元门设计公司
项目面积：400平方米

- 展现在我们眼前的，是柔美中带着魅惑的东方百合。
- 用激情的艺术，打破理性的宁静，塑造艺术化的生活空间。
- 几何的秩序与不规则的曲线，金色的华丽与黑白灰的冷静，构建了丰富的空间表情。

设计师制作的唇形画和复古壁炉的结合，使客厅增加了素雅和性感。浅色的护墙背景、略带夸张的家具、带有宗教主题的装饰元素以及富有戏剧性的设计作品，以一种柔和、高雅的方式释放着主人内心的浪漫，并在视觉矛盾中呈现的更具戏剧化。楼梯没有用传统的做法，而是改用一楼到三楼的楼面隔断去处理，让整个楼梯空间虚实交错，很有意境。

夸张的桌脚、对称的布局，以及那肆无忌惮舞动的插花，展示着这个空间收放之间的平衡艺术。在这里，我们既能发现理性内敛的贵族气息，又可以看到豪华与享乐主义的色彩。

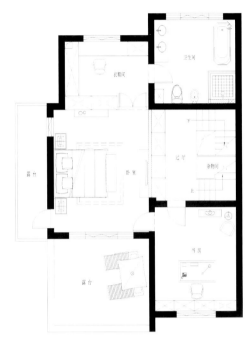

三层平面图

英伦水岸
British Waterfront

主案设计：葛晓彪 / 设计公司：金元门设计公司
项目面积：580平方米

- 圆弧形大理石拼花形成了独特的视觉感受。
- 简明的黑白两色运用，在回转间有线面的对比。
- 高饱和度的明黄色沙发极为醒目，素简的壁炉中和了这浓烈的色彩。

　　这是与时尚前卫艺术的一次疯狂约会。这幢英伦格调的别墅，经典潮流又带点轻奢华。材质工艺与设计的完美结合，不同程度地呈现了复古与摩登，让人耳目一新。整个空间还应用了智能系统，让居室显得更加完美。

　　一进门你就会被浓浓的艺术氛围所吸引，抽象派饰物奠定了这个房间的格调，时尚感极强。古典柱式的拱门与现代的格子玻璃门并列在同一个区域，将原本平淡的墙体无限地拉向远方，仿佛既在门里又在门外。而卧室以紫色作为主色调，显得高雅性感，呈现了浪漫的造梦空间。大面积藏蓝色饰面碰撞玫红色的壁柜，强烈的对比让人兴奋。

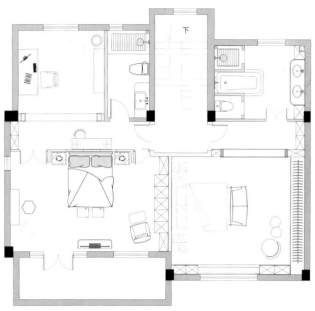

一层平面图
2F

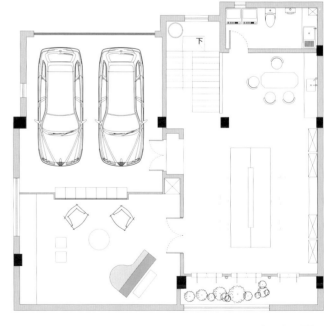

地下室平面图

春·无迹
Spring

主案设计：孟繁峰
项目面积：610平方米

- 打破中性色，大胆使用淡蓝色。
- 舍弃繁缛的装饰，保留基本的形制。

　　设计师第一次以业主的特质作为设计的来源。他们的家，不张扬，恬静如同春风拂面轻柔却不热烈；多彩，清新如春雨润物生机却不绚烂，温暖，阳光如春日暖阳和煦却不焦灼。

　　珍珠白的护墙，淡蓝的壁纸加上鹅黄的迎春和玉兰让空间宁静却不失一缕暖意。卧室以橄榄绿为主色，与室内主要的浅金色家具冷暖搭调，平衡了室内的暖度。现代美式中揉和了欧式古典的风格也融入了现代的陈设方式，让家成为一个值得眷恋的地方，成为一处疲惫之后心心向往的暖巢。

景天花园
Sedum Garden

主案设计：潘悦
项目面积：400平方米

- 木质、皮革、棉麻碰撞出低调的奢华感。
- 原木色的家具配深色的地板，呈中性暖色色调。
- 全玻璃的通透性加上木质扶手，实现了质感的提升。

　　突破现代简约的风格，是对设计师自身的最大挑战。本案中，时尚简洁的现代风格，并不是指单纯的把现代元素堆砌，而是通过对传统文化的理解和提炼，将现代元素和中式元素，甚至欧式元素相结合，以现代人的审美需求来打造富有传统韵味的空间。

　　客厅以一组新中式风格的家具来呈现整体的线条美，用简洁硬朗的走线勾勒出空间的层次感和布局的对称，并且融入了欧式的壁炉，背景则用黑镜填补了素色墙面的单调。

印墨江南

Water Courtyard

主案设计：陈熠 / 设计公司：南京陈熠室内定制设计事务所
项目面积：350平方米

- 背景画用了泼墨和水墨印染表现手法，体现江南水乡的韵味。
- 运用大量的木质家具，将自然的感觉引入到室内。
- 运用黑白灰的格调，既时尚又简约。

　　这是一栋具有民国风情的建筑，从外观上就透露着一股优雅与别致。室内山水画、家具、软饰的搭配，模糊了室内室外的界定，让室内室外相互融合。穿过宁静的小院进入室内，立即就被室内雅致的陈设所吸引，让一颗浮躁的心回家后得以平静。

　　水墨之间营造的是伊人眼带笑意的欣喜，是父母洗尽铅华的古朴高雅，是女儿清冷透亮的双眸，是曾经岁月永久定格的背影。设计师将风格界定在黑白墨意之间，源自捉住流逝的时光，将三代人的故事着笔晕染。

　　整个空间宁静雅致，让人的生活多了一份思考，一份感悟，一份闲适，一份豁达。

度假别墅
Kunshan Resort

主案设计：张力 / 设计公司：上海飞视装饰设计工程有限公司
项目面积：350平方米

- 空间饱满，室内与室外空间相互借景，具有层次感。
- 四周墙面作为完整展示舞台，独特新颖。
- 软装与硬装搭配融洽，十分干净。

　　基于房子周边的环境都是东方院落的感觉，设计师选择采用现代东方的风格，干净又饱满。

　　"干净"是因为墙面都是木饰面与白色乳胶漆，且用白描的形式加以黑色钛金勾勒；而"饱满"是指空间饱满。公共空间的层层退进，地下与地上及平层与挑空的高低空间错落，都使空间具有层次感。而下沉式的客厅空间设计则是这个户型的一大特点，这样公共空间才会更通透，更流动。房子的整体设计带给了业主不一样的生活体验，更多的是体现了"静"与"净"。

八块瓦居

Eight Tiles

主案设计：凌志謨
项目面积：400平方米

- 以黑灰白色调为主轴，舍弃过于繁复的设计。
- 呈现出一幅干净的生活画面。
- 大胆地将钢筋铁条意象带入室内，充满视觉冲突。

　　设计师主张将居住者的记忆加以延伸，经过意念的转化让私人住宅空间能够达到记忆的延续与传承，用现代手法使新旧对比融合，让空间赋予生活的禅意，凝聚时间的长轴，使空间有了人的记忆。

　　本案刻意瓦解了传统实墙设计，用铁条格栅等元素创造隔间，既不牺牲开阔视觉感，同时也让采光、视线等可相互流通漫延，并将各种异材质相互融合，让复古红砖、摩登金属相映成趣，释放出独一无二的视觉魅力，美哉美哉。

东情西韵
Love and Rhyme

主案设计：朱勇 / 设计公司：吉禾设计
项目面积：500平方米

■ 所罗门紫檀家具，以明式简约风格为主。
■ 整体设计找不到多余线条，去繁求简。

　　打造新中式与现代建筑理念的融合是设计的初衷，为了将设计能与完美的施工工艺相结合，设计师对每一个施工环节的节点与工艺反复推敲，精挑细选。在家具及灯光的选择上，以东情西韵为主线，将色调与墙面定制艺术拼布相搭，奢华而俏丽。同时，搭配艺术陈设，刚中有柔，也提升品位。

　　设计师非常注重空间气质与主人品位的融合提炼，倡导人们追求一种高品质、优雅而独具艺术品质的生活方式，并不遗余力地将生活中每个使用者的功能需求，渗透到完美的空间塑造中去，实现内外兼得。

大宅平衡之美

The Beauty of Balance

主案设计：张艳坪
项目面积：820平方米

- 大胆采用现代感较强的家具和灯具，既摩登又复古。
- 设计选材独树一帜，从大自然中甄选出艺术品材质，低碳且经济实惠。

　　本案打造的是一种西方视野中独具东方韵味的整体居家氛围，意图通过融合自然元素与"Less is More"的设计理念，营造简单、宁静、平衡的质感空间。

　　在空间上融合了业主平时的生活习惯，形成了一个多功能融于一体的布局空间。遍布每个角落的芦苇干枝、木刻的装饰画品、陶瓷做成的小凳等，无处不透露着业主对"生活回归自然"的理解，以及内心深处对大自然宁静与平衡的寻求。寻求最终的那份初心，简单、宁静、平衡就是它独特的价值。

山间颐居

Summer Villa in Mountain

主案设计：吕爱华
项目面积：300平方米

- 独立空间里软硬装材料的搭配，和谐而富有变化。
- 墙壁色彩质感自然，易搭配。

设计师将风格定位为雅致华丽与轻松闲适并存的混搭风，在保留原有旧家具的基础上，将楼上楼下做了风格区分，以灰色楼梯和灰绿色墙面做风格过渡衔接。

原有楼梯在户型的正中间，从实用上考虑，设计师封闭了原有楼梯口，将其中一个卫生间改造成楼梯间。定制实木线条和壁纸搭配出美式效果，美观又经济。业主注重空间的装饰性和功能细分给人带来的愉悦心理，因而，设计师在设计时，更注重空间的划分。